LA

FABRICATION DE L'ALCOOL

IV

PRODUCTION DU RHUM

LA

FABRICATION DE L'ALCOOL

PRODUCTION DU RHUM

PAR

J.-Paul ROUX

RÉDACTEUR EN CHEF DU JOURNAL *LA REVUE UNIVERSELLE DE LA DISTILLERIE*
MEMBRE DU JURY DE L'EXPOSITION INTERNATIONALE DE 1881
MEMBRE DES CONGRÈS INTERNATIONAUX POUR L'ÉTUDE DE L'ALCOOLISME, ETC., ETC.

Prix : 3 franc

PARIS
G. MASSON, ÉDITEUR
LIBRAIRE DE L'ACADÉMIE DE MÉDECINE
120, BOULEVARD SAINT-GERMAIN, 120

1884

PRÉFACE

Dans le petit travail que nous présentons à l'industrie de la canne à sucre de tous les pays, nous nous sommes surtout préoccupé d'indiquer non pas une solution au problème de la sucrerie de cannes, mais un puissant moyen de lutte contre la concurrence, et peut-être une transformation complète de cette industrie.

A notre avis, pour retrouver son état florissant, l'industrie de la canne à sucre doit faire une évolution complète, évolution qui consiste à donner une plus grande importance à la fabrication des eaux-de-vie et de l'alcool.

Le malheur des temps a voulu que la France fût privée ou à peu près de son plus beau fleuron commercial et vinicole, la production des eaux-de-vie de vin des Charentes ; c'est une place tout indiquée pour les eaux-de-vie de canne.

Ce qui fait la puissance et le succès des industries agricoles européennes, c'est qu'elles sont dirigées dans un esprit de progrès scientifique, une grande largeur de vues pour les applications industrielles des nouvelles inventions, enfin, avec un sentiment mercantile très souple, très vif, très délié, qui fait que l'on s'attache peu à produire une marchandise peu demandée, mais que l'on se préoccupe toujours de fabriquer ce que l'on est sûr d'écouler.

Comme exemples frappants du nouvel esprit qui doit

animer les industriels qui dirigent de grandes exploitations, nous citerons les progrès énormes faits en Allemagne par deux industries qui nous touchent de très près : l'industrie de l'alcool et celle du sucre.

Ces deux industries, essentiellement agricoles, sont devenues, dans ce pays, par la précision des procédés, la correction commerciale, l'élasticité de la production, des industries ayant toutes les qualités des industries manufacturières.

La solution générale que nous indiquons n'est pas nouvelle ; elle s'impose par la loi du progrès, et à l'agriculture française même on lui indique, comme remède à ses souffrances, de faire de l'industrie, de se transformer.

Le conseil est d'ordre général, et sans application directe et pratique bien souvent.

Pour l'industrie coloniale, nous pouvons être plus précis et, par suite, plus utile.

Puis, joignant la pratique à la théorie, en conseillant aux planteurs de fabriquer des eaux-de-vie et des alcools, nous leur indiquons comment ils peuvent les produire et à l'aide de quels appareils, ce qui leur épargnera des pertes de temps et des recherches laborieuses.

Nous avons l'intime conviction de rendre service à l'industrie du sucre de canne en lui communiquant nos observations sur le mouvement général industriel et agricole, observations recueillies tant en France que dans de nombreux voyages à l'étranger, et qui peuvent guider ceux qui, éloignés de plusieurs milliers de lieues, restent encore dans la voie des anciennes pratiques.

J.-PAUL ROUX.

CHAPITRE PREMIER

LA CANNE A SUCRE
ET SES PRODUITS

L'industrie coloniale sucrière, la fabrication de sucre de canne, qui a fait jadis la prospérité des colonies, traverse aujourd'hui une crise des plus intenses, par suite de la concurrence de plus en plus vive que lui fait le sucre de betterave.

L'avilissement du sucre de canne est tel que, dans certaines colonies, à Cuba par exemple, des champs entiers de canne à sucre sont abandonnés.

Plusieurs remèdes à cette situation désastreuse, qui menace gravement l'avenir des colonies, ont été appliqués ou proposés.

D'abord des mesures fiscales protectrices, puis la transformation du matériel des usines, enfin la variété des cultures; l'État, les industriels et les planteurs ont été invités à faire leur part dans l'œuvre de salut colonial.

La récente loi sur les sucres, en accordant une faveur aux sucres des colonies, a déjà fait quelque chose; la part de l'État ne peut guère être plus grande.

Les industriels, en transformant leur matériel qui est souvent plus perfectionné que le matériel métropolitain, se sont mis à la hauteur des circonstances.

Reste la variété des cultures; or ceci est le plus difficile; c'est un conseil facile à donner, mais qu'on ne peut mettre en pratique.

Un député des colonies, s'exprimait ainsi sur ce point à la Chambre :

« La Guadeloupe, la Martinique, la Réunion, Mayotte, ne sont pas des pays où, comme en France, on s'occupe de diverses cultures; on n'en fait qu'une, retenez bien ce fait, c'est la culture de la canne.

» Quand on parcourt ces petits pays, on ne rencontre de toutes parts que des champs de cannes. Ils tirent de cette denrée toutes leurs ressources. C'est elle qui leur permet d'opérer tous leurs échanges, de payer tous leurs impôts, de faire face à toutes leurs obligations.

» Si donc vous tarissez l'industrie sucrière de ces colonies, vous les ruinez litteralement. »

Voilà l'importance de la culture de la canne à sucre aux colonies, qui alimente plus de 1,200 sucreries, ainsi réparties, d'après M. Sicre de Fonbrune, ancien président de la Chambre d'agriculture de l'île de la Réunion :

La Martinique compte 564 sucreries et 15 usines centrales;
La Guadeloupe, 472 sucreries et 21 usines centrales;
La Réunion, 80 sucreries;
Mayotte et Nossi-Bé, 12 sucreries;
Nouvelle-Calédonie, 2 sucreries;
Guyane, 2 sucreries.

La production totale en sucre est de près de 150 millions de tonnes.

D'autre part, on compte :

A Cuba, 1,358 sucreries produisant 580.000 tonnes de sucre, moyenne des dix dernières années;

A la Louisiane, 910 sucreries dont la production est de 120,000 tonnes de sucre.

Au milieu de cette énorme production de sucre et de l'avilissement des prix, une solution s'indique d'elle-même, et nous sommes surpris que les représentants des colonies ne l'aient pas indiquée plus tôt :

C'est la fabrication des alcools de canne, c'est la transformation industrielle, qui a enrichi le nord de la France, qui doit aussi ramener la prospérité aux colonies.

Il ne faut pas seulement demander du sucre à la canne, mais aussi de l'eau-de-vie, du rhum.

La disparition des eaux-de-vie de Cognac laisse le champ libre aux eaux-de-vie coloniales.

La fabrication du rhum, de l'eau-de-vie de canne s'indique tout naturellement, dans les colonies et dans les pays producteurs de canne, comme le seul moyen de faire équilibre au bas prix des sucres.

Pour accomplir cette évolution, les circonstances sont très favorables, car l'eau de-vie de canne viendrait combler le vide immense laissé par l'eau-de-vie de vin, qui n'est plus produite qu'en petite quantité depuis les progrès foudroyants du phylloxera.

Il y a là, nous le savons, une question de proportion entre le prix du sucre et le prix du rhum; mais il est certain aussi que si la distillation de l'eau-de-vie, au lieu d'être un accessoire de la sucrerie, était l'objet principal et unique de l'exploitation, la fabrication se ferait dans des conditions bien meilleures : le prix de revient serait diminué, la qualité des rhums améliorée et les rendements augmentés.

La part plus grande à faire à la distillation et, éventuellement, la transformation des sucreries en distilleries, doivent appeler l'attention des pays producteurs de canne à sucre, dont l'avenir peu riant est ainsi décrit par la plume assombrie de M. B. Dureau, directeur du *Journal des fabricants de sucre :*

Des centaines de petites sucreries coloniales doivent disparaître et disparaîtront fatalement, et le même phénomène se produira à Cuba, à Porto-Rico, dans les Antilles anglaises, à la Louisiane et ailleurs, jusqu'à ce que l'industrie exotique repose sur des bases économiques analogues à celles de l'industrie européenne et que le progrès réalisé partiellement par les usines centrales soit devenu la règle et non pas l'exception. D'ici là, la production exotique se sera abaissée dans une considérable proportion et il sera difficile aux planteurs sans capitaux, sans travailleurs. aux prises avec des difficultés d'ordre politique et social de toute sorte. de regagner le terrain perdu.

Le domaine sucrier presque tout entier, l'avenir de la consommation dans le monde, l'exportation dans tous les pays qui ne produisent pas de sucre, appartiennent donc pour longtemps à la betterave européenne. prête à ce rôle important qu'elle remplit déjà.

Eh bien! que les planteurs, que les colons ne s'obstinent plus à vouloir produire uniquement du sucre, et à faire de cette fabrication la base principale des exploitations coloniales.

Qu'ils donnent plus d'attention à la fabrication des eaux-de-vie par l'utilisation des résidus; le sucre qui leur aura échappé dans la fabrication, ils doivent le retrouver par un bon traitement des bas produits au moyen d'une distillerie perfectionnée.

En un mot, pour lutter avantageusement contre la concurrence, ils doivent déplacer la base de leur exploitation; le sucre, de produit principal, doit devenir produit secondaire, et la fabrication des eaux-de-vie, rhum et tafia, être le pivot de l'industrie coloniale.

Le déplacement de ses moyens d'action donnera à cette industrie une force nouvelle, en ouvrant à ses produits un marché plus vaste et en les présentant dans de meilleures conditions.

Le sucre, déchargé pour une bonne partie de tous les frais de fabrication qu'il doit supporter à lui tout seul aujourd'hui, luttera avantageusement contre la concurrence.

En donnant une attention plus grande à la distillerie, en employant des appareils perfectionnés, les rendements en eau-de-vie seront augmentés et la qualité des produits beaucoup améliorée, ce qui leur assurera un débouché constant et à un prix très rémunérateur.

L'exportation peut aussi être beaucoup favorisée par la diminution du prix du fret, au moyen des appareils perfectionnés du système Savalle produisant de forts degrés. Nous parlons, du reste, plus loin de ces appareils sur lesquels nous appelons l'attention spéciale des fabricants.

La disparition presque totale et les prix si élevés des eaux-de-vie de vin laissent aux eaux-de-vie de canne, rhum et tafia une place immense à remplir, des besoins très grands à satisfaire.

Les qualités hygiéniques de ces produits, aussi bien que leur goût particulier et leur finesse d'origine, leur assurent dans la consommation du monde entier la première place parmi les liqueurs et les eaux-de-vie.

I

CULTURE DE LA CANNE A SUCRE

EN ESPAGNE

La culture de la canne et de la fabrication du sucre dans les provinces méridionales de l'Espagne, depuis Gibraltar jusqu'à Almeria, ont pris depuis quelque temps une certaine importance.

Vingt-trois sucreries de cannes, dont quelques-unes très puissantes, sont installées dans ces provinces.

On lira, croyons-nous, avec beaucoup d'intérêt, une communication faite par M. Grand à la Société des Ingénieurs civils sur la canne à sucre et l'industrie sucrière dans ces régions :

Quoiqu'au premier abord il puisse paraître singulier de venir parler de culture de cannes à sucre sous le 37e degré de latitude nord, il est facile cependant de trouver l'explication de ce fait dans la situation orographique particulière de la contrée dont il s'agit et les conditions climatériques toutes spéciales qui en sont la conséquence.

La partie de la côte d'Andalousie propre à la culture de la canne, comprise entre le 36e et le 37e degré de latitude nord, s'étend depuis le village d'Adra à l'Est jusqu'à l'embouchure du *Rio-Guadiaro* à l'Ouest, à peu de distance de Gibraltar, mesurant entre ces deux points extrêmes une longueur de 220 à 230 kilomètres.

Sur toute cette longueur s'étend parallèlement à la mer, à une certaine distance du rivage, une chaîne de montagnes qui, partant de la Sierra-Nevada au-dessous de Grenade, se prolonge vers l'Est jusqu'aux hauteurs de la *Serrania de Ronda*, formant l'extrémité de la ligne de partage des eaux entre l'Océan et la Méditerranée.

Cette chaîne, dont certains sommets atteignent la limite des neiges éternelles, forme un abri contre les vents du nord, et si l'on remarque en outre que la direction de cette partie de la côte est sensiblement de O 30° S à E 30° N, on comprendra qu'elle se présente ainsi dans les meilleures conditions pour utiliser aussi complètement que possible la chaleur solaire. Grâce à ces conditions spéciales, cette partie de la côte andalouse jouit d'un climat tout à fait exceptionnel, qui y rend possible la culture de la plupart des plantes tropicales parallèlement à celle des végétaux moins délicats de nos contrées plus froides.

Tous les sept ou huit ans seulement, une gelée de courte durée se fait sentir; mais par une récolte prématurée, on arrive la plupart du temps, sinon à annuler complètement, du moins à restreindre beaucoup son action sur le rendement des plantations sucrières.

Un climat chaud n'est pas la seule condition nécessaire à la culture de la canne ; il faut encore que le sol sur lequel on la cultive présente constamment un certain degré d'humidité. Ce résultat est atteint pendant une grande partie de l'année par la fréquence des pluies ; mais, à partir du mois de juin jusqu'au mois de septembre, il devient absolument nécessaire de combattre la sécheresse par des irrigations artificielles. Cette condition exige le voisinage d'un cours d'eau d'une certaine importance et restreint conséquemment l'étendue des plantations à un petit nombre de localités privilégiées.

On remarque, en effet, que la chaîne de montagnes dont il a été question plus haut, loin de suivre les sinuosités de la côte, tantôt s'en approche de telle sorte que les derniers contreforts viennent plonger dans la mer, tantôt s'en éloigne en formant de grandes plaines arrosées par des cours d'eau qui déposent incessamment sur leurs rives des limons fertilisants. Chacune de ces plaines est devenue le centre d'une culture de cannes plus ou moins developpée, tandis que les parties montagneuses, à peine recouvertes d'une mince couche de terre végétale, sont affectées à la culture de la vigne qui constitue également l'une des principales richesses du pays.

Sans examiner si la culture de la canne à sucre sur la côte d'Andalousie remonte réellement à l'époque de l'occupation romaine, il résulte de documents authentiques qu'elle acquit un grand développement sous la domination arabe. L'expulsion des Maures et la découverte de l'Amérique, où cette culture atteignit promptement une extension considérable, firent décliner peu à peu l'industrie indigène depuis la fin du XVIe siècle jusqu'au moment où, vers le milieu de notre siècle, l'attention fut derechef attirée sur cette question, et où, grâce à une impulsion nouvelle, l'industrie sucrière en Espagne entra de nouveau dans une ère de prospérité.

A cette époque, la culture de la canne n'occupait que la région orientale de la côte; mais depuis quelques années elle a pris possession également de la partie située entre Malaga et Gibraltar où elle tend aujourd'hui à se développer chaque jour davantage.

Des trois variétés de cannes actuellement cultivées dans cette dernière région, la variété dite *américaine* est celle qui donne le meilleur rendement et qui tend à remplacer les deux autres dans toutes les plantations nouvelles.

La durée industrielle de la canne est de 7 ou 8 ans en moyenne. La plantation se fait par boutures de 30 à 40 centimètres, coupées dans des cannes saines provenant de la récolte précédente et placées horizontalement bout à bout sur deux rangées parallèles au fond de larges sillons. Cette opération, pour laquelle on emploie environ 13 à 14,000 kilogrammes de cannes par hectare, se fait généralement au mois de mai. A la fin d'octobre, la canne, qui atteint 1^{m}50 à 2 mètres, commence à jaunir et finit par arriver à maturité complète au mois de février, époque à laquelle commence la récolte qui dure généralement trois mois (de fin février à fin mai).

La quantité d'eau que l'on distribue par hectare de plantation est d'environ 800 à 1,000 mètres cubes pour chaque irrigation. Le nombre de ces irrigations réparties sur les trois ou quatre mois de sécheresse étant de 10 à 12, cela représente une quantité annuelle de 10,000 mètres cubes par hectare, et comme à la fin de l'été, au moment où les irrigations sont le plus nécessaires, le débit des rivières se trouve sensiblement réduit, il est le plus souvent indispensable de faire au printemps des réserves d'eau, que l'on accumule dans des bassins de dépôt disposés à cet effet.

L'emploi des engrais est de la plus haute importance dans la culture de la canne, qui ne tarderait pas sans cela à épuiser le sol. La difficulté de se procurer facilement des engrais artificiels n'a pas permis de faire jusqu'ici des expériences bien complètes sur leur application, et l'on se sert généralement du fumier de ferme employé seul ou mélangé à la bagasse de la récolte précédente. La quantité de fumier distribuée par hectare est estimée à 30 ou 40,000 kilogrammes. Lorsque l'on cultive par récoltes biennales, on emploie, la seconde année, le guano de préférence au fumier, par suite de la plus grande facilité qu'il présente pour sa distribution dans les plantations hautes et touffues.

Suivant la quantité d'engrais employée et les soins apportés à la culture, le rendement moyen d'un hectare de plantation pourra varier de 35,000 à 57,000 kilogrammes. Dans les conditions ordinaires, on peut dire que le rendement d'une plantation par hectare est de 50,000 kilogrammes en récoltes annuelles, et de 75 à 78,000 dans les cas de récoltes biennales.

Dans ces conditions, le prix de revient de la canne coupée et prête à passer au moulin est de 18 à 20 francs par 1,000 kilogrammes, non compris la location de la terre, qui, à raison de 380 à 400 francs par hectare, élève ce prix de revient à 30 francs en moyenne.

Le prix de vente est 45 francs les 1,000 kilogrammes.

Les sucriers, en Espagne, donnent comme résultat de fabrication sur un travail d'environ 10 millions de kilogrammes de cannes :

Un rendement en sucre de 11 %,

— alcool de 0.7712.

Soit par 1,000 kilogrammes de canne:

110 kilogrammes de sucre,

7 litres 712 d'alcool.

Ce qui, réduit en rhum à 60°, donne 12 litres 85 et environ 13 litres de rhum à 50°.

II

CULTURE DE LA CANNE A SUCRE

EN ALGÉRIE

La production de la canne à sucre peut devenir une importante source de richesse pour l'Algérie; la culture du coton, un moment florissante pendant la guerre des États-Unis, n'a pu résister, malgré les encouragements du gouvernement et la facilité avec laquelle y pousse le cotonnier, à la concurrence des cotons américains; la canne à sucre remplacerait donc le cotonnier avec de grands avantages.

En outre la fabrication des alcools étant complètement libre, par suite de l'absence de tout impôt, la distillation de la canne à sucre y serait très fructueuse.

La location de la terre, qui est comme on l'a vu plus haut de 380 à 400 fr. l'hectare en Espagne, serait en Algérie considérablement abaissée, et presque annulée pour ainsi dire.

Les 1,000 kilogrammes de canne qui reviennent à 20 fr. environ, fournissent 100 litres de rhum à 60 degrés, soit au cours actuel une valeur d'environ 80 francs.

Il y a là un marge industrielle énorme qui doit favoriser la culture de la canne et sa distillation en Algérie.

Voici l'idée que suggère M. Désiré Savalle pour la culture de la canne à sucre en Algérie. C'est une idée excellente qui, bien appliquée, rendrait de grands services à la colonie africaine, et qui peut d'ailleurs être suivie dans tous les pays où la culture de la canne est possible.

« On pourrait débuter, dit M. Désiré Savalle, avec 50 hectares de cannes qui, si elles sont d'une bonne venue, produiront environ 3 millions de kilogrammes de cannes, soit l'alimentation d'une distillerie pour une campagne de cent jours. L'année suivante, on augmenterait les plantations pour arriver successivement à alimenter la distillerie pendant 150 jours, et l'on ferait ainsi une excellente opération; car on obtiendrait de 75 hectares environ 3,500 hectolitres d'alcool qui, au prix de 80 francs, représentent 280,000 francs de recettes brutes, soit 3,733 francs par hectare.

« Il y a dans la culture et la distillation de la canne, dit encore M. Désiré Savalle, une mine d'or à exploiter pour certaines contrées de l'Afrique. Ceux qui s'y adonneront ne feront, du reste, que répéter ce qui a réussi depuis bien des années en Égypte.

» Les distilleries situées en Algérie se trouveront admirablement placées pour alimenter d'alcool l'Espagne, le Portugal, l'Italie et la Turquie qui aujourd'hui tirent en majeure partie ce produit de l'Allemagne et de l'Autriche. »

III

CULTURE DE LA CANNE A SUCRE

et Fabrication du Rhum dans la République Argentine

Une intéressante notice de M. Pierre Andrieux, communiquée à la *Société de Géographie commerciale* de Paris, traite de l'importance de la fabrication du rhum dans la République Argentine.

Les rhums et les tafias consommés dans cette région sont demandés à la production locale et surtout à l'importation. Leur prix de revient aux lieux de production varie de 35 à 70 francs l'hectolitre, suivant la qualité et le degré d'alcool. Le prix de vente sur la place de Buenos-Ayres n'est pas moindre de 75 à 110 francs. Cette grande différence entre le prix de vente et le prix de revient est due à l'ensemble des frais d'expédition et surtout aux droits élevés qui frappent à leur entrée dans le pays les alcools étrangers.

On peut évaluer la consommation générale des alcools, dans la République Argentine, à un minimum de 135,000 hectolitres par an, chiffre qui ne peut qu'augmenter avec l'accroissement incessant de la population et le développement de la richesse publique. La production locale en rhums et tafias est estimée à 10,000 hectolitres; celle des alcools de maïs et de vin à 35,000 hectolitres, soit un total de 45,000 hectolitres qui, sur la consommation annuelle, présente un déficit de 90,000 hectolitres comblé par l'importation étrangère. Or, les droits de douanes qui frappent les alcools importés sont aujourd'hui de 50 0/0 de la valeur, et le gouvernement vient de proposer de les porter à 75 0/0.

Ce sont ces droits protecteurs, c'est l'assurance d'avoir le marché de vente sur les lieux, puisque le pays consomme plus qu'il ne produit, c'est enfin la facilité de fabriquer sur place à un bas prix de revient le rhum et le tafia, qui doivent attirer l'attention des industriels ; il convient de signaler cette fabrication dans le pays comme une industrie excessivement rémunératrice.

Le rhum est obtenu par le traitement direct des jus de la canne à sucre. C'est à partir du 30e degré de latitude et au nord, que cette plante est cultivée; sur les bords de la rivière Parama, d'immenses étendues de terre sont éminemment propres à sa culture. La saison des pluies coïncide avec les grandes chaleurs, conditions essentiellement favorables pour la végétation des plantes qui, comme la canne à sucre, réclament à la fois la chaleur et l'humidité. Enfin le climat y est d'une salubrité tout à fait exceptionnelle, avantage très précieux, car tous les travaux des champs y sont faits par des cultivateurs européens. Mais en même temps que la canne, il se fait dans cette région, qui comprend la province du Corrientes et le Chaco austral, la culture d'une plante à tige sucrée qui, par les résultats qu'elle a fournis, est à signaler : c'est le sorgho sucré qui se trouve dans son véritable climat.

Le sorgho sucré est cultivé aux États-Unis de l'Amérique du Nord, principalement dans le bassin de Mississipi, sur une vaste échelle. On y a obtenu de très belles et très nombreuses variétés inconnues en Europe. Cette plante donne des produits identiques à ceux de la canne à sucre, comme rhum et comme sucre cristallisé. On produit, en ce moment, 49 millions de kilogrammes de ce dernier. Ces sorghos, dont les qualités saccharines sont supérieures de beaucoup aux variétés cultivées en France, dont la tige mûrit moins et est plus petite, se sèment dans le nord de la République Argentine, depuis le 1er septembre jusqu'à la fin de février. La récolte pour la distillation commence dans les premiers jours de décembre ; la plante renferme alors 12 0/0 de sucre. Elle arrive à sa complète maturité dans la première semaine de janvier avec une proportion de 14 à 15 0/0 de son poids. On la coupe en deux fois : la première coupe donne 3,000 kilogrammes à l'hectare ; la seconde, 15,000 kilogrammes. Un hectare produit donc une moyenne de 50,000 kilogrammes de tiges, avec une moyenne de 13 0/0 de sucre. Les semis étant échelonnés pendant six mois, la récolte dure le même temps, de décembre à fin mai.

Le jus sucré de ces variétés de sorgho ne diffère pas de celui de la canne à sucre. L'arome de ces plantes est absolument le même, soit dans le sirop, soit dans le sucre cristallisé. Les rhums et tafias que l'on obtient sont identiques, qu'ils viennent de la canne ou de ces sorghos.

La canne à sucre diffère du sorgho en ce qu'elle est vivace. Elle ne se reproduit que par boutures. Le sucre s'y trouve en plus grande quantité dans les entre-nœuds les plus bas; c'est l'inverse qui a lieu pour le sorgho. Plantée en hiver, de juin à août, la canne à sucre se coupe à la même époque l'hiver suivant. Sa culture à la République Argentine rappelle beaucoup celle de la Nouvelle-Orléans, où le climat et le sol sont identiques. Les tiges sont moins hautes qu'aux Antilles, mais elles sont nombreuses pour chaque plante. Un hectare en produit environ 50,000 kilogrammes. La richesse en sucre est de 13 p. c. en juin, de 14 à 15 p. c. en juillet et août; la moyenne pendant ces trois mois est donc de 14 p. c. Cette plante donne des récoltes abondantes pendant les quatre premières années; les variétés que l'on cultive sont : la canne à rubans violets, la canne rouge, la blanche, la petite rouge du Paraguay, la petite blanche de Corrientes. Les deux premières donnent les meilleurs résultats comme qualité et richesse en sucre.

L'établissement de cultures de cannes et de sorgho dans la région indiquée n'exige pas de grandes dépenses dans l'Amérique du Sud. Le sol est constitué par des prairies qui sont facilement défrichées à la charrue, et la journée de labour ne revient qu'à 5 francs; les bœufs de labour ne valent que 200 francs la paire. Quant au capital d'exploitation, il s'élève à 400 francs environ par hectare cultivé.

Les bons ouvriers agriculteurs sont rares dans la République Argentine; aussi, après expérience, M. Pierre Andrieux considère-t-il comme plus avantageux, lorsqu'on veut s'assurer d'une production régulière, de faire cultiver le sol par des colons indépendants avec lesquels on passe des marchés pour la livraison, à l'usine, de la matière première dont on a besoin, plutôt que d'entreprendre soi-même cette culture. Losque l'on connaît à l'avance la moralité et les aptitudes des colons, et il y a dans la République Argentine des cultivateurs francais répondant à ces conditions, on peut leur faire des avances en nature et en matériel, qu'ils remboursent ensuite par la livraison de leurs produits. En leur achetant les tiges sucrées, qu'ils vendent à l'usine étêtées et effeuillées, au prix de 23 francs les 100 kilogrammes, on leur assure un bénéfice net de 350 francs par hectare, ce qui est plus que suffisant pour s'attacher tout le personnel nécessaire à l'exploitation.

Une tonne de cannes à sucre ou de sorgho, renfermant une moyenne de 13 p. c. de sucre, donne, en faisant une part très large pour les pertes, un minimum de 94 litres de rhum à 60°. Ces 94 litres valent à l'usine, au prix minimum de 67 francs l'hectolitre, 63 fr.

De cette somme il y a à déduire :

Pour l'achat d'une tonne de tiges.	23 fr.
Pour les frais de fabrication et frais généraux.	19 »
Soit un total de . .	42 »

Le traitement d'une tonne donne donc un bénéfice de 21 francs.

Comme exemple de mise en pratique, M. Andrieux prend une culture de 120 hectares comprenant la canne à sucre et le sorgho; il y a neuf mois de fabrication, dont six pour le sorgho et trois pour la canne, pendant lesquels il est traité 5,400 tonnes de tiges. Dans ces conditions, la production en rhum est de 5,000 hectolitres, et le capital engagé 25,000 francs; on voit donc que ce capital est productif d'un intérêt de 51 p. c. l'an, affaire lucrative, et qui mérite d'attirer dans cette contrée les colons et les industriels.

CHAPITRE II

DISTILLATION DE LA CANNE A SUCRE

Le procédé traditionnel pour la distillation de la canne consiste à faire passer les tiges entre des cylindres afin d'en extraire le jus ou *vesou*.

C'est aussi le procédé employé pour la fabrication du sucre.

Mais ce procédé d'extraction ne répond plus, dans sa simplicité primitive, aux exigences de l'industrie moderne. Beaucoup de sucre reste dans la *bagasse*, quelque puissants que soient les moulins, et cela exige en outre une force motrice considérable. On évalue qu'il faut environ la force d'un cheval pour extraire un hectolitre de vesou par heure.

Pour la distillation directe de la canne, nous conseillons donc d'employer le système de diffusion préconisé par M. Désiré Savalle, qui épuise complètement la canne de tout le sucre qu'elle contient, et donne une grande économie de force motrice, de main-d'œuvre et de matériel.

Toutefois, comme beaucoup de fabriques sont encore installées pour extraire le vesou au moyen de moulins à canne, nous donnons la description d'une distillerie avec moulins, et ensuite nous parlerons de l'extraction du vesou par la diffusion de la canne.

§ I. — Ensemble d'une Distillerie de Cannes

L'ensemble d'une distillerie pour un travail journalier de 30,000 kilogrammes de cannes, est représenté par les figures 1 et 2.

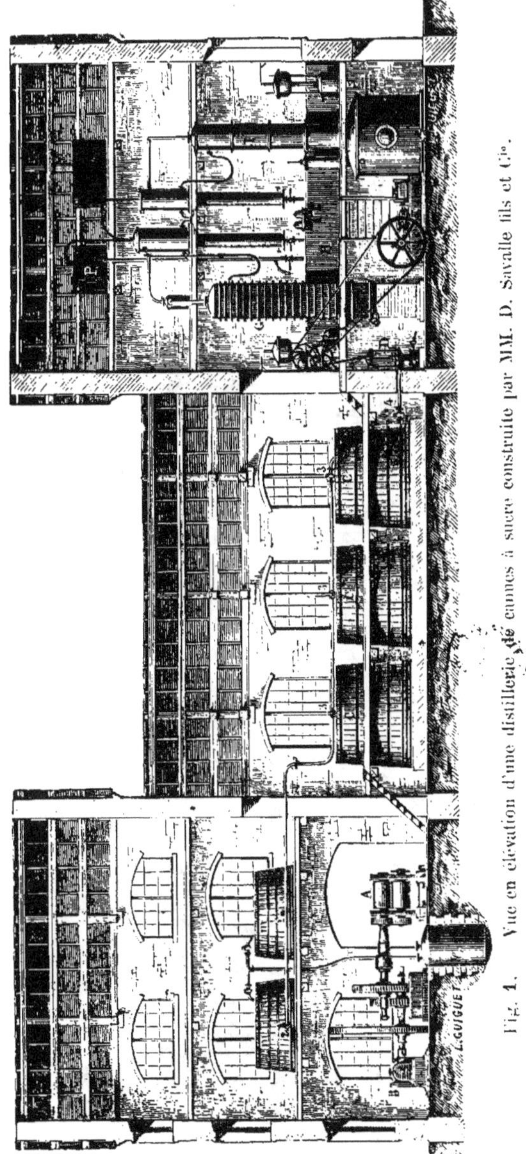

Fig. 1. — Vue en élévation d'une distillerie de cannes à sucre construite par MM. D. Savalle fils et Cie.

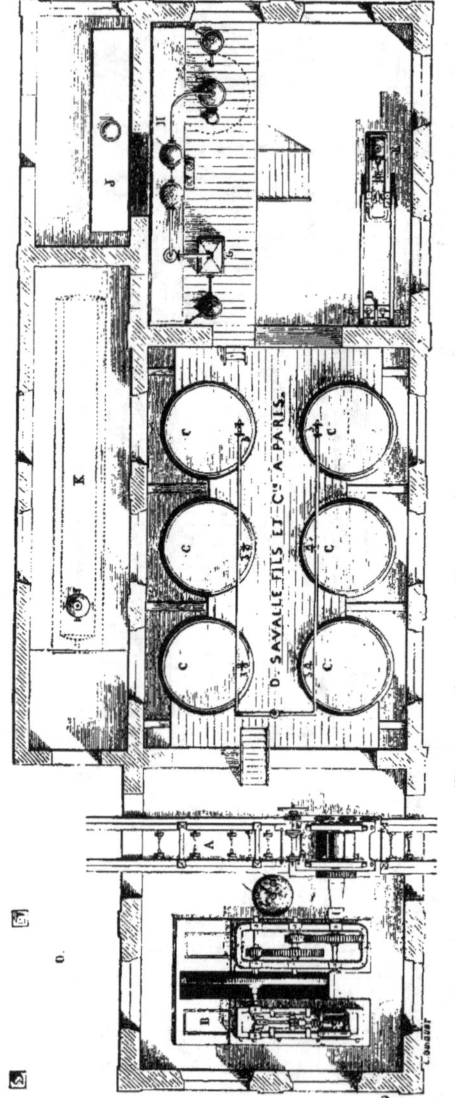

Fig. 2 — Vue en plan d'une distillerie de canne à sucre.

Voici la légende qui en fait comprendre les principales dispositions :

A. — Moulin à cannes semblable à ceux employés dans les sucreries.

B. — Machine à vapeur et transmission pour le moulin à cannes.

C. — Six cuves de fermentation, où le vesou, préparé, transforme son sucre en alcool.

D. — Pompe à vesou, alimentant l'appareil distillatoire, et pompe à eau.

E. — Machine à vapeur faisant mouvoir les pompes.

F. — Réservoir à vesou fermenté alimentant l'appareil distillatoire.

G. — Appareil distillatoire, où l'alcool est extrait du vesou fermenté et se produit à l'état de tafia.

H — Réservoir à tafia.

I. — Appareil de rectification, où les tafias sont débarrassés de leur goût et de leur odeur, et sont amenés à l'état d'alcool fin à 96 degrés centésimaux.

J. — Magasin et réservoir, où on loge l'alcool bon goût, prêt à être expédié.

K. — Générateur de vapeur.

Le fonctionnement de l'usine est des plus simples. La canne amenée au moulin est écrasée, et le vesou extrait s'élève par un monte-jus L dans les cuves préparatoires MM'; de là, il se rend à courant continu dans les cuves de fermentation C'CC'', et lorsqu'une cuve de fermentation est pleine, on la divise en deux, en la partageant par moitié dans la cuve suivante. Le vesou des cuves MM' coule alors sur les deux cuves qui continuent à fermenter. La première est abandonnée à sa fermentation, jusqu'à ce qu'elle soit bonne à distiller; la seconde se partage encore en deux dans une cuve suivante, et la fermentation se continue ainsi de suite en utilisant la dernière emplie pour poursuivre l'opération.

Il en résulte un travail très rapide et très complet de la transformation de la matière sucrée en alcool. Les cuves dont la fermentation est achevée en 18 heures, sont vidées par la pompe D dans le réservoir supérieur P qui alimente l'appareil distillatoire G. Le produit alcoolique de ce premier travail se rassemble dans le réservoir couvert en tôle H, et sert toutes les vingt-quatre heures à charger l'appareil de rectification I. Enfin l'alcool, parfaitement épuré et achevé, se rend au magasin à alcool J.

§ II. — Devis approximatif du matériel d'une distillerie travaillant par jour 30,000 kilog. de cannes.

La conduite d'une distillerie de cannes du système Savalle représenté ci-contre, ne présente réellement aucune difficulté; les ouvriers ordinaires des pays où on les établit se mettent promptement au courant du travail. Pour éviter d'ailleurs les *écoles*, MM. Savalle et Cie ont soin d'envoyer un contremaître pour surveiller l'installation de toute usine nouvelle, pour assister au montage des appareils et à leur mise en marche. De cette manière, l'industrie de la distillation perfectionnée prend facilement racine.

Voici le devis approximatif du matériel d'une distillerie pouvant travailler par jour 30,000 kilogrammes de cannes, et livrer ses produits au commerce, soit à l'état de rhum à 60°, soit à l'état d'alcool extra-fin rectifié et marquant 96 à 97° centésimaux :

1° Force motrice :

Un générateur de vapeur de 50 chevaux. . . . . . . Fr. 10.000

2° Moteur :

Une machine à vapeur de 8 chevaux. 4.800

3° Extraction du vesou :

Un broyeur à cannes. 3.000

4° Pompes :

Trois pour les jus fermentés, pour l'eau froide et pour l'alimentation du générateur 3.300

Transmission de mouvement, environ. 1.200

5° Distillation :

Une colonne distillatoire en cuivre n° 4, avec régulateur de vapeur 12.100

6° Rectification des alcools bruts :

Un rectificateur n° 3 à chaudière en tôle 9.000

A reporter. . . 43.400

Report. . . 43.400

7° Réservoirs en tôle :

Un pour les alcools bruts de 100 hect., un pour les alcools rectifiés de 50 hect., un pour les jus faibles de 25 hect., un pour l'eau froide de 25 hect., un pour l'eau chaude de 15 hectolitres 2.500

8° Fermentation :

Six cuves en bois contenant chacune 100 hect 2.400

9° Tuyauterie et Robinetterie de l'usine, variant suivant la disposition des locaux. 4.300

Total. 52.600

§. III. — Diffusion de la Canne

Voici sur quelles observations s'est appuyé M. Savalle pour établir son système d'extraction, qui remplace parfaitement le moulin à cannes.

Tous les instruments établis jusqu'ici pour préparer la canne à la diffusion ont eu pour but de la couper en rondelles d'une faible épaisseur pour la faire pénétrer par l'eau chaude et en extraire le sucre.

Ces divers instruments diviseurs sont imparfaits, car les rondelles de cannes jetées dans les diffuseurs se collent les unes sur les autres et empêchent le liquide de diffusion de les pénétrer.

Dans ces derniers temps, M. Savalle s'est beaucoup occupé de la question, et ses expériences l'ont fait arriver à cette conclusion : *que, pour bien diffuser la canne, il faut la réduire, non en rondelles comme on cherche à le faire, mais en cubes de petites dimensions et de formes différentes, qui ne puissent s'agglomérer entre eux* lorsqu'on veut les diffuser.

Il est arrivé, la canne ainsi réduite, à obtenir, par la diffusion, tout le sucre qu'elle peut donner.

Dans ses recherches, il a eu surtout en vue la diffusion de la canne pour la distillation des rhums, mais le résultat de ses observations peut aussi trouver une excellente application dans la sucrerie coloniale.

Les résultats fournis par les expériences ont été parfaits ; ce mode d'opérer sera préféré dans toutes les petites distilleries, qui trouveront dans son emploi une économie importante jointe à une grande simplicité.

CHAPITRE III

DISTILLATION DES MÉLASSES DE CANNES

§ I. — Fermentation des Mélasses de Cannes

La préparation des mélasses pour la fermentation est d'une grande simplicité.

On commence par délayer dans une cuve préparatoire C (*voyez fig. 4*) de la mélasse avec de l'eau, pour obtenir un mélange qui pèse 106 au densimètre et 33 de température. On y ajoute 1 kilog. d'acide sulfurique par chaque 100 kilog. de mélasses employées.

Ce jus sucré, ainsi préparé, coule par une rigole en bois, posée sur les cuves dans la première cuve de fermentation D. Là, on ajoute 2 kilog. de levure de bière par 100 kilog. de mélasses employées.

Après deux ou trois heures de repos, la fermentation se produit. Elle s'annonce par un cercle de mousse blanchâtre se formant autour de la paroi de la cuve, puis le liquide se couvre d'une couche de mousse jaunâtre avec un dégagement d'acide carbonique; on peut s'en assurer en approchant de la couche de liquide une lampe qui s'éteint au contact du gaz acide carbonique. A ce moment, l'on prépare une seconde cuve de jus C, à la même densité que la première, mais à une température de 25 degrés seulement; les suivantes sont aussi préparées à cette température.

Lorsque le jus qui se trouve en D a perdu par la fermentation de 3 à 4 degrés, on y mélange petit à petit le contenu de la seconde cuve C, et cela de manière à ce que, en coulant du jus préparé à 106 degrés, l'on maintienne le jus en fermentation à une densité n'excédant pas 102 à 103° à une température de 26 à 28°.

La figure 4 indique 3 cuves C, pour préparer la mélasse; à

la rigueur, deux suffiraient : une qui alimente les cuves de fermentation, et l'autre que l'on prépare dans les conditions de densité et de température indiquées, soit densité 106, et température 25°.

Lorsque la première cuve à fermenter D est pleine ou à peu près, on la partage avec la deuxième cuve, au moyen d'une conduite de communication munie de robinets, sans arrêter pour cela l'alimentation sur la première cuve D, et l'on ne commence à couler du jus préparé sur la seconde cuve à fermentation D' que lorsque celle-ci est emplie au 1/3 par la communication avec la première; à ce moment l'on a deux cuves D D', sur lesquelles on alimente à continu du jus préparé.

Quand les deux cuves sont à peu près pleines, on ferme la communication de la première cuve avec la seconde et l'on ouvre celle de la deuxième cuve avec la troisième pour remettre dans cette dernière 1/3 de cuve environ. La première cuve D étant pleine, on arrête l'alimentation de celle-ci, et l'on commence à alimenter la troisième cuve D", et ainsi de suite, de manière à avoir toujours deux cuves à alimenter avec du jus préparé.

Les cuves de fermentation doivent être alimentées, de manière à toujours bien conserver la densité de 102 à 103° et la température de 26 à 28°.

Les cuves où l'on a cessé l'alimentation, et qui sont pleines lorsque l'on coupe la suivante avec une cuve vide, doivent être abandonnées pour achever la fermentation qui doit se terminer 20 à 25 heures après avoir cessé l'alimentation. La fermentation de ces cuves doit s'achever à une densité de 101 à 101 1/2 et à une température de 30 à 32 degrés.

Il faut distiller les fermentations aussitôt achevées pour empêcher la fermentation acide qui se produit toujours au détriment de l'alcool. Au fur et à mesure que les fermentations se terminent, on les distille.

Pour obtenir de bonnes fermentations, il faut suivre régulièrement les conditions de densité et de température; la température se règle à plus ou moins haut degré, selon la chaleur du local où l'on fermente, et aussi suivant la contenance des cuves. Ainsi, plus les cuves sont petites, plus il faut une température élevée, et, au contraire, plus elles sont grandes, moins il faut de degrés de température; car dans une grande masse de liquide en fermentation, la chaleur s'élève en fermentant, tandis que dans une petite quantité le liquide se refroidit par le contact de l'air extérieur.

Pour les mélasses de cannes, il n'est pas indispensable d'employer de la levure ; on peut préparer de la mélasse comme il est indiqué ci-dessus, avec la levure en moins, et la fermentation commence seule au bout d'un certain temps.

Cependant, lorsque l'on peut se procurer facilement de la levure, il est préférable d'en mettre au moins 2 0/0 du poids de mélasse employée, pour la première cuve de préparation qui sert de cuve-mère et de point de départ de fermentation pour les suivantes.

Les températures ci-dessus sont indiquées d'après le thermomètre centigrade.

§ II. — Distillerie de Mélasses de cannes annexée à une Sucrerie

Les figures 3 et 4 donneront une idée d'une distillerie de mélasses de cannes annexée à une sucrerie.

La figure 6 qui donne l'élévation indique en B le dépotoir pour mesurer la mélasse employée.

C l'une des cuves de préparation de la mélasse. — C'est là qu'on y mélange l'eau et l'acide sulfurique, si on peut en disposer.

D sont les cuves où la fermentation s'opère à continu.

E est la petite machine à vapeur pour actionner les pompes.

Et F est l'appareil distillatoire établi pour produire des rhums à forts degrés.

Généralement la vapeur pour chauffer l'appareil se prend sur les générateurs de la sucrerie.

Pour le cas où l'on désirerait un générateur séparé, il se trouve indiqué dans la figure en plan :

Cette figure en plan indique aussi en G — le magasin où sont logés les rhums dans des cuves en bois de chêne de Riga ; de là ils sont enfutés et expédiés.

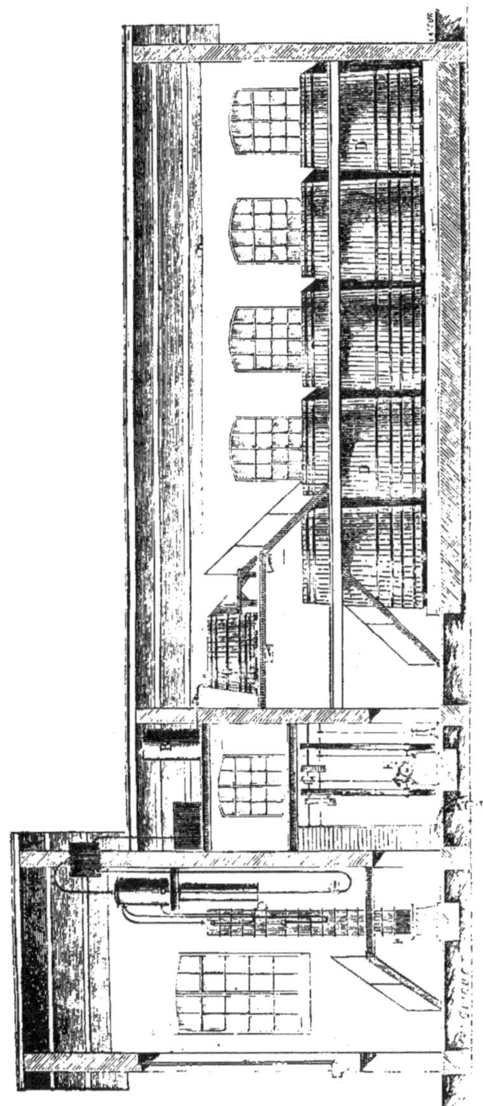

Fig. 3. — Vue en élévation d'une distillerie de mélasses de cannes annexée à une sucrerie.

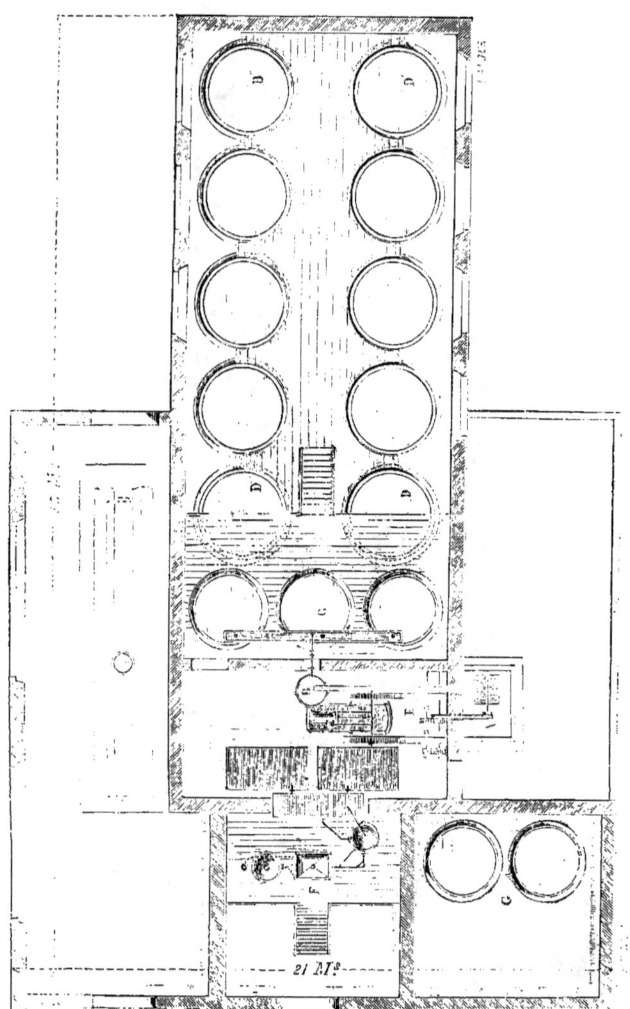

Fig. 4. — Vue en plan d'une distillerie de mélasses de cannes annexée à une sucrerie.

§ III. — Petit appareil à travail continu fonctionnant à feu direct.

L'installation complète d'une distillerie constituant une dépense importante, on hésite longtemps avant de se décider à entrer dans la grande fabrication malgré les gros bénéfices en perspective. On emploie un temps considérable en demandes de renseignements, établissement de devis, de comptes simulés, de prix de revient, en recherches théoriques enfin qui laissent toujours un peu d'incertitude quant au résultat pratique.

Pour faciliter aux personnes qui désirent commencer la distillation des mélasses et de la canne sur une petite échelle les moyens d'effectuer cette fabrication dans les meilleures conditions pratiques, MM. D. Savalle fils et Cie ont imaginé un petit appareil à travail continu fonctionnant à feu nu, facilement transportable et occupant peu de place. La figure 9 représente cet appareil d'une construction élégante et d'une conduite simple et facile.

Jusqu'ici les appareils de distillation *parfaits* fonctionnaient seulement par la vapeur, ce qui en restreignait considérablement l'emploi, vu l'installation obligée de générateurs.

L'usage des petits appareils à feu direct s'imposait donc dans beaucoup de cas, malgré le produit inférieur qu'ils fournissent et l'inconvénient, encore plus grave, qu'ils ont de perdre parfois jusqu'au quart du volume d'eau-de-vie contenu dans les matières soumises à la distillation.

Les personnes qui voulaient essayer de la distillation se bornaient d'abord à travailler avec ces petits appareils; puis, en présence des mauvais résultats obtenus, renonçaient à une fabrication qui eût été très avantageuse, effectuée dans de meilleures conditions.

C'est pour remédier à ces graves inconvénients que MM. D. Savalle et Cie ont étudié la construction d'un petit appareil qui fournit par le feu nu les mêmes avantages que les appareils marchant par la vapeur, un produit aussi parfait comme goût, et un aussi grand rendement en évitant les pertes d'alcool dans les vinasses.

Le petit appareil, représenté figure 9, est à travail continu et peut fournir par heure 28 à 30 litres de rhum ou de tafia à 60 degrés centésimaux, soit 450 litres en 15 heures de travail.

Le jus reste très peu de temps dans ce nouvel appareil; son passage rapide fait que le produit est de qualité bien supérieure à celle des produits de l'ancien système.

Ce petit appareil est appelé à rendre de grands services dans les pays de culture de cannes, en familiarisant les planteurs avec la distillation des mélasses et de la canne, en les faisant profiter ainsi des avantages considérables que peut leur donner cette fabrication qui, selon nous, est appelée à régénérer les colonies si compromises par la crise sucrière. L'appareil dont nous venons de parler coûte emballage compris 5,000 francs.

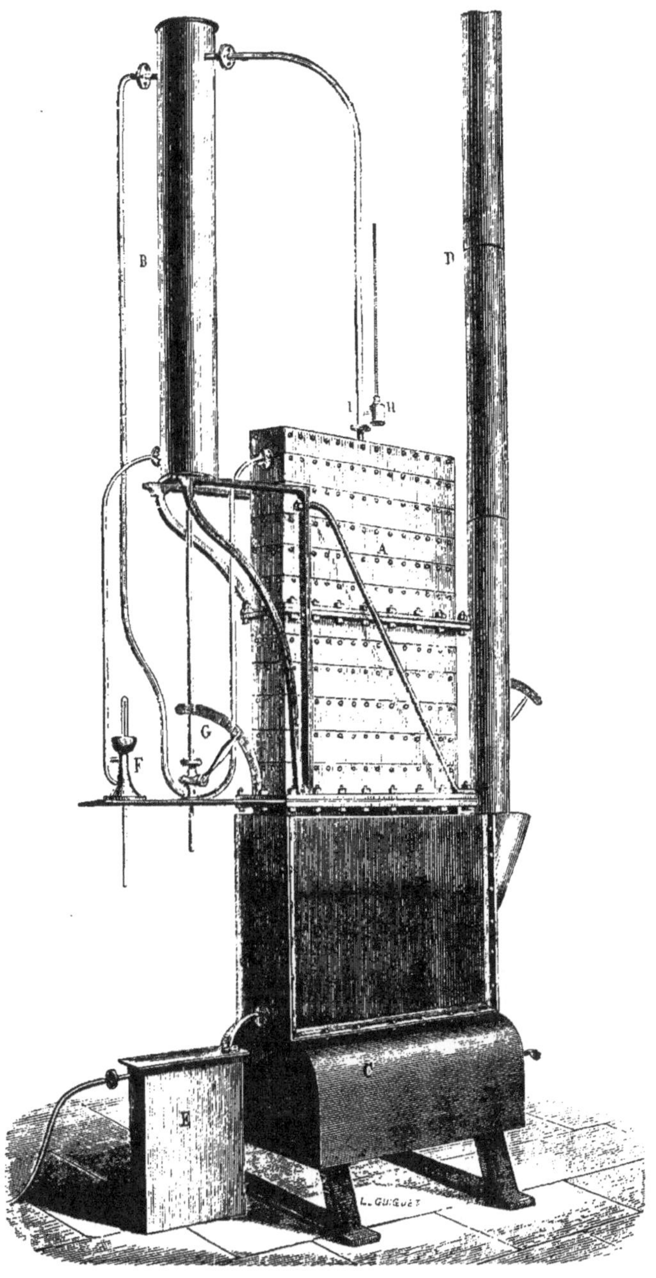

Fig. 5. — Petit appareil à travail continu fonctionnant à feu direct.

§ IV. — Colonne distillatoire fonctionnant à la vapeur.

La maison Savalle construit des distilleries de mélasses de toutes les dimensions.

Pour atteindre ce but, elle a combiné l'appareil n° 0 qui, joint à la modicité de son prix, a l'avantage d'être très simple, commode à installer, facilement transportable, et de pouvoir fonctionner aussitôt arrivé à destination. Il n'exige pas de bâtiment spécial. Sa puissance de production est de 600 litres de tafia à 60 degrés par dix heures de travail. Son prix actuel, avec le générateur qui sert au chauffage, est de 10,500 francs.

Pour employer l'appareil figure 6, on commence par emplir d'eau le générateur de vapeur; on allume le feu et on fait monter la pression à 3 ou 4 atmosphères. Pendant que la vapeur se produit, on alimente de jus fermentés le petit réservoir supérieur de l'appareil. En ouvrant le robinet à cadran, on introduit le liquide dans le chauffe-vin et dans toute la colonne.

La première fois que l'appareil fonctionne, il faut examiner si le régulateur de vapeur est préparé au travail. Pour cela, il faut que la tige du flotteur soit bien fixée à ce dernier, que le levier ait son point d'appui solidement établi, et qu'enfin la soupape de vapeur soit ouverte de 4 à 5 millimètres seulement, au point de repos de l'appareil.

Cet examen préalable terminé, on introduit graduellement la

---

(1) Extrait du rapport fait aux actionnaires de la Société E. Le Dentu et Cie, usine de la Basse-Terre (Guadeloupe).

29 décembre 1876.

« *Salaires.*

» La dépense des *transports des cannes;* a été de *1 fr. 66 c.* par tonne.

» Les salaires de la sucrerie sont tombés à 2 fr. 49 c. par tonne de cannes; ou 13 fr. » 82 c. par barrique de sucre.

» Quant à la *distillerie*, grâce au fonctionnement automatique de *l'appareil Savalle*, » qui fait que la main-d'œuvre se réduit à peu près au chargement des cuves, il a » été dépensé 851 fr. 36 c. pour faire 87,525 litres de tafias à 59°, soit 0 fr. 97 c. » par hectolitre (environ 1 centime par litre). »

Fig. 6. — Appareil n° 0 facilement transportable, produisant 600 litres de tafia à 60° par 10 heures de travail.

vapeur, elle passe par la soupape du régulateur et se rend dans le soubassement, puis elle s'élève pour chauffer graduellement les couches de liquide contenues dans les plateaux de la colonne, et entraîner vers le chauffe-vin les vapeurs alcooliques. Là, ces vapeurs se condensent en cédant leur calorique au vin qui va être distillé, et s'écoulent à l'état de tafia à 60 degrés à l'éprouvette.

A ce moment on ouvre partiellement le robinet d'alimentation du vin muni de son cadran gradué et l'on cherche petit à petit le point d'alimentation convenable, qui se détermine une fois pour toutes. Quand on ouvre trop le robinet d'alimentation, la production de tafia s'arrête à l'éprouvette; si on l'ouvre trop peu, le degré du produit est trop faible. C'est en évitant ces deux extrêmes qu'on arrive au point d'alimentation requis, qui une fois déterminé sert toujours.

Ce petit appareil rectangulaire ayant son régulateur automatique de vapeur, il n'y a pas à s'occuper de régler le chauffage; il suffit de chauffer le générateur, et le régulateur de vapeur fait le reste.

Les vinasses épuisées sortent sans cesser par le siphon de vidange situé au bas de la colonne. Un injecteur Giffard sert à l'alimentation dans le générateur de l'eau enlevée par la vaporisation. L'opération est continue et dure tant qu'on chauffe le générateur et qu'on alimente de jus ou de vin à distiller par le réservoir supérieur. Il est essentiel de ne jamais laisser vider celui-ci pendant le travail.

Quand on veut arrêter l'opération, on ferme d'abord le robinet à cadran servant à l'alimentation du vin; quelques minutes après, on ferme le robinet de vapeur. Les tafias obtenus par ce travail essentiellement régulier sont de qualité parfaite.

Pour maintenir l'appareil en parfait état de propreté, il est utile :

1° De ne pas remuer le contenu des cuves de fermentation en les vidant, de façon à ne pas amener dans la colonne la boue et la levure qui se trouvent au fond de ces cuves.

2° Quand on arrête le travail pour plusieurs jours, il faut passer de l'eau dans l'appareil pour en faire sortir les vinasses acides qui rongeraient le métal.

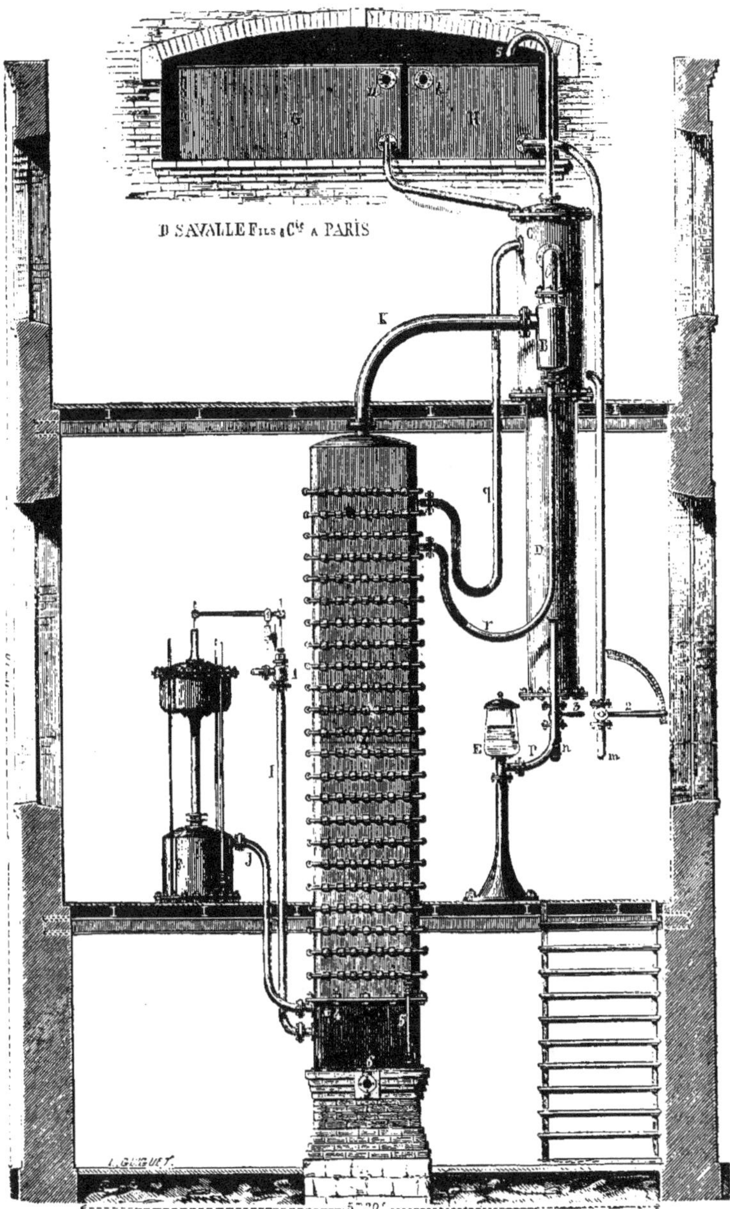

Fig. 7. — Appareil rectangulaire n° 3, dimension moyenne pour les sucreries

§ V. — Appareils produisant de forts degrés.

Autrefois les colonies étaient considérées comme une source de fret devant alimenter la marine marchande et les produits coloniaux étaient transportés bruts.

C'était sur ce principe qu'avaient été échafaudés tout un système de surtaxes de pavillon et le monopole de la raffinerie métropolitaine.

Aujourd'hui tout cela est changé, et la concurrence doit faire rechercher la diminution du prix des frets en ne transportant que des produits aussi purs que possible.

Nous ne rechercherons pas pourquoi on ne raffine pas encore le sucre aux colonies, car cela ne rentre pas dans notre cadre, mais nous indiquerons l'économie considérable que l'on peut réaliser en n'envoyant en Europe que des tafias à forts degrés.

Les fabricants de sucre distillateurs des colonies trouveront de grands avantages par l'emploi du nouvel appareil Savalle, qui leur permettra d'obtenir des tafias titrant de 90 à 93 degrés centésimaux, soit au pèse-alcool anglais Sikes de 58 à 63 *over proof*.

Considérons, par exemple, le tafia produit actuellement à la Martinique à 60 degrés. Ce produit se trouve grevé :

Pour logement par hectolitre.	Fr.	15 »
Pour fret, jusqu'au Havre		5.55
Soit ensemble	Fr.	20.55

par hectolitre, d'un produit contenant 60 degrés ou 60 litres d'alcool pur à 100 degrés.

Si, au lieu d'avoir dans cet hectolitre 60 degrés, on peut y mettre 90 à 93 degrés, on gagne les frais de logement et de fret sur 30 à 33 litres d'alcool, ce qui constitue un bénéfice de 10 à 11 francs par hectolitre de tafia envoyé en France.

Fig. 8. — Appareil distillatoire produisant, du premier jet, des rhums à 90 et 93 degrés.

Dans beaucoup de colonies on a compris cela et on emploie depuis quelque temps déjà les nouveaux appareils Savalle, qui fournissent 90 degrés.

Il est utile de bien remarquer que ce produit contient tout autant d'arome que le tafia à 60 degrés, et qu'il est même supérieur en qualité parce qu'il contient moins d'huiles lourdes.

Nous avons donné, figure 7, la disposition de l'appareil Savalle produisant des tafias à 60 degrés; nous donnons ici, figure 8; la disposition du nouvel appareil produisant à volonté de 90 à 93 degrés.

§ VI. — Devis approximatif d'une distillerie de mélasses produisant 4,000 litres de tafias à 60 degrés par 12 heures de travail.

1° Générateur:

Générateur semi-tubulaire de 60 mètres carrés de surface de chauffe (existant à la Sucrerie).

2° Distillation :

Appareil distillatoire rectangulaire en cuivre n° 8. . .	19.000	»

3° Moteur :

Une machine à vapeur de 6 chevaux.	3.000	»

4° Pompes :

Une pompe à jus fermentés en bronze . . . . . . } Une pompe à eau froide. . . . . } Deux pompes alimentaires. . . . . }	4.800	»
Une pompe à chaines à mélasses.	700	»

5° Cuves en bois :

Deux cuves préparatoires de 65 hectolitres	1.300	»
Dix cuves de fermentation contenant chacune 250 hectolitres	10.000	»
Deux cuves en bois de chêne de chacune 100 hectolitres pour loger les tafias.	2.000	»

6° Réservoirs en tôle :

Un pour jus fermentés de 1.500 litres . . . . . . } Un pour eau froide de 2.500 — . . . . . . } Un à eau chaude de 3.000 — . . . . . . }	1.500	»
Un dépotoir à mélasses de 750 litres.		

7° Tuyauterie et robinetterie :

Pour le générateur, l'appareil, la machine, les cuves, environ 1,000 kilog. à 4 fr. 50	4.500	»

8° Transmission :

Environ 2,000 kilog. à 1 franc	2.000	»
Total approximatif. . . . Fr.	48.800	»

CHAPITRE IV

CONTROLE DES PERTES D'ALCOOL
éprouvées dans les distilleries.

La distillation continue, inventée par Cellier-Blumenthal et mise en pratique la première fois par M. Amand Savalle, réalise un grand progrès par la rapidité du travail et l'économie de combustible. Mais, à côté de ces avantages qui sont réels, cette opération a laissé une défectuosité qui, sans importance pour les petites usines, en a une très grande pour celles qui opèrent en grand, et ce sont elles qui, aujourd'hui, sont les plus nombreuses. Les anciennes colonnes ont le grave défaut de faire perdre beaucoup d'alcool en le laissant dans les vinasses.

Les distillateurs se servent souvent d'appareils défectueux qui leur font perdre dans les vinasses une proportion considérable de produits, qui devrait constituer la plus forte part de leur bénéfice. Une distillerie qui perd de l'alcool dans les vinasses se ruine. Nous sommes donc heureux de signaler aux fabricants un nouvel appareil d'essai des vinasses, par lequel ils auront la preuve matérielle de la perte d'alcool qu'ils subissent par leurs colonnes défectueuses.

On se servait autrefois, pour éprouver les vinasses, d'un serpentin d'épreuve, où se condensaient les vapeurs sortant des vinasses; ou encore, l'on prenait une petite quantité de vinasses, que l'on distillait dans un alambic. L'une et l'autre de ces expériences sont imparfaites. En effet, par le nouvel appareil d'essai, là où l'on ne trouvait aucune trace d'alcool, l'appareil d'essai de Savalle a extrait des flegmes de 7 à 8 degrés centésimaux. Plusieurs distillateurs ont ainsi acquis la certitude qu'ils perdaient de 3 à 4 et jusqu'à 10 pour cent d'alcool dans les résidus.

La figure 9 représente la disposition de cet appareil.

a. Fourneau contenant sa chaudière.

b. Colonne pour enrichir et analyser les vapeurs de la distillation.

c. Analyseur à eau.

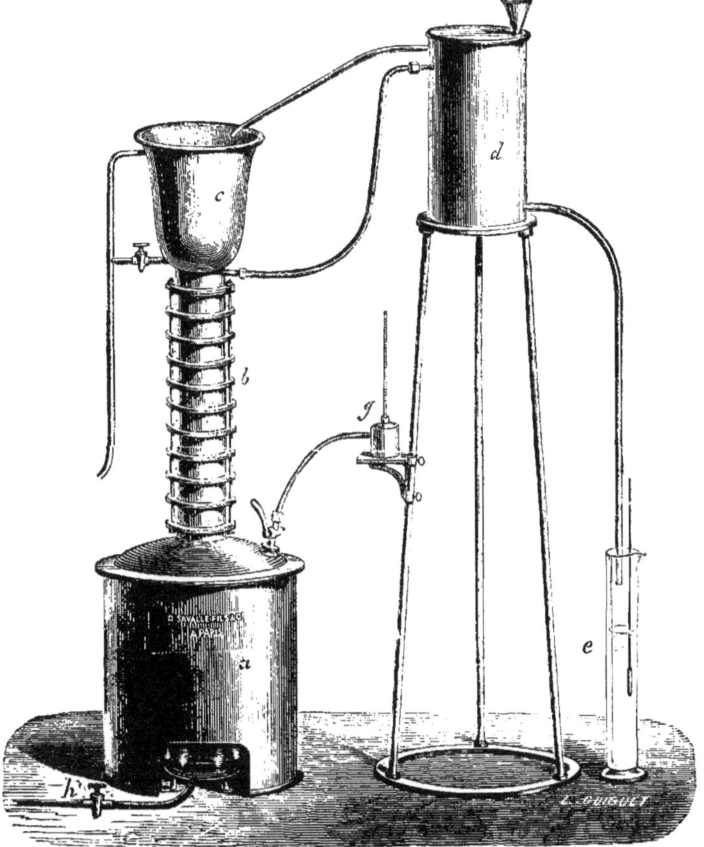

Fig. 9. — Nouvel appareil pour déterminer la teneur alcoolique de la vinasse et la perte d'alcool éprouvée par l'emploi des appareils distillatoires défectueux.

d. Réfrigérant.

e. Éprouvette graduée pour recevoir le produit.

g. Manomètre.

h. Conduite d'arrivée du gaz destiné au chauffage.

Voici la manière d'employer cet appareil :

On introduit 10 litres de vinasse dans la chaudière *a* par une ouverture ménagée à cet effet sur le couvercle de la chaudière. On met de l'eau froide dans le manomètre *g*, dans l'analyseur *c* et dans le réfrigérant *d*. Puis on allume le gaz de chauffage. Le liquide contenu en *a* se met en ébullition ; les vapeurs traversent la colonne *b* et viennent se condenser en *c* d'où elles retournent à l'état liquide charger les dix plateaux de la colonne *b*. A mesure que ces plateaux se garnissent, la pression monte au manomètre *g*, et cette pression varie de 20 à 25 centimètres pendant le cours de l'opération.

Après quelques instants de distillation intérieure, l'eau se trouve chaude en *c*, et alors les vapeurs les plus riches en alcool passent à la distillation, en se condensant dans le réfrigérant *d*, et s'écoulent dans l'éprouvette graduée *e*.

Le volume du produit obtenu dépend de la teneur alcoolique du liquide soumis à l'épreuve. Si l'on opère sur des vinasses, un produit de 100 centimètres cubes, par exemple, sera l'alcool contenu dans les 10 litres sur lesquels on opère. On peut ainsi retrouver facilement un centimètre cube d'alcool dans dix mille centimètres cubes de vinasses ; la précision de l'appareil est donc de 1/10,000[me].

Plusieurs distilleries ont acquis par cette expérience la preuve qu'elles perdaient beaucoup d'alcool ; aussi se sont-elles décidées à remplacer leurs appareils distillatoires anciens, dont le travail est plus ou moins défectueux, par l'appareil rectangulaire perfectionné dont nous avons déjà parlé.

Ce nouvel appareil d'épreuve est très utile aussi pour se rendre compte de la richesse alcoolique des vins et des fermentations en général. On s'en sert encore pour opérer en petit sur une petite quantité de matière première, afin d'apprécier ainsi ce que celle-ci peut rendre d'alcool.

Cet appareil (1) se distingue des autres appareils d'essai, qui ne

---

(1) Il coûte emballé rendu en gare à Paris, 525 francs.

sont pour la plupart que des alambics primitifs de petite dimension, en ce que le produit alcoolique est très concentré et facile à peser exactement à l'aréomètre.

Ainsi, lorsqu'on opère sur un vin riche de 8 0/0 d'alcool, les premiers produits obtenus titrent 93 et 94 degrés, et la moyenne est à 75 degrés. Si l'on opère sur une matière contenant 2 0/0 d'alcool, la moyenne des produits est à 50 degrés.

Nous engageons donc fortement les distillateurs à contrôler régulièrement leur travail au moyen de cet appareil ; ils s'éviteront ainsi des pertes importantes.

CHAPITRE V

STATISTIQUE DES DISTILLERIES DE MÉLASSES

PROVENANT DE SUCRE DE CANNES

Employant 122 appareils SAVALLE (1)

NOMS DES INDUSTRIELS	LOCALITÉS	DÉPARTEMENTS OU PROVINCES	PRODUCTION JOURNALIÈRE RHUM OU TAFIA	PRODUCTION JOURNALIÈRE ALCOOL RECTIFIÉ	RENSEIGNEMENTS
AFRIQUE (Guinée méridionale.)					
			LITRES	LITRES	
Manol de Paula Barboza.....	Benguella......	....	1.500		Appareil vendu par l'entremise de M. Thomas Martin de Lisbonne.
Pinto et Braga............	—		1.500		
Joaos Fesseira Goncalrez.....	—		1.500		
EMPIRE ANGLO-INDIEN					
Imson Parry et Cie..........	Madras	Indoustan		1.000	
RÉPUBLIQUE ARGENTINE					
J. Augsburger	Canada de Gomez	Santa-Fé.	2.000		
Araoz Cornejo, Uriburn et Cie	San-Pedro......	Salta	2.500		
P. San Germes	Santiago del Estero...		750		
Le même, 2e appareil	—			1.000	
Claira et Cie	Simoca	Tucuman	1.500		
Somora et Cie.............				1.500	
C. Hileret	Lules..........	Tucuman	750		
Fernandez Hermanos........	Bellavista......	....	1.500		
Sta-Cordova del Tucuman....	Prodencia	....	2.000		
Padilla Hermanos...........	Mercedes......	....	2.500		
Vergues et Cie.............	Santa-Barbara. .	....	1.500		
Schœfer et Requena.........	Santiago del Estero....	Santo-Domingo	2.000		
Gerardo-Constantini et Cie...	Santa-Lucia....	Tucuman	2.000		
RÉPUBLIQUE DE BOLIVIE					
L. Soux	—	—	600		
	TOTAL *à reporter*.........		24.100	3.500	

(1) Les appareils Savalle sont employés pour la distillation des grains, des betteraves, des vins, etc., le nombre total de ces appareils actnellement en usage dépasse 800.

NOMS DES INDUSTRIELS	LOCALITÉS	DÉPARTEMENTS OU PROVINCES	PRODUCTION JOURNALIÈRE RHUM OU TAFIA	PRODUCTION JOURNALIÈRE ALCOOL RECTIFIÉ	RENSEIGNEMENTS
BRÉSIL					
	Report		24.100	3.500	
Compagnie anonyme agricole de Campos	Campos	Rio	2.500		
Compagnie Engelo Central de Quissaman	Quissaman	Rio	2.500		
La Companhia progresso agricola	Maranhàs		5.000		
F. Ferraro et fils	Bahia	....		2.000	
Foncesca et Morelli	Itu		4.000		
Sucrerie de Lojuca	Lojuca	Bahia	2.000		
Munzer et Spaan	Rio-Janeiro	....	1.200	1.000	
Juan Ollivela	—	....		2.500	
C. Schumann et Cie	—	....		1.000	
Sucrerie centrale de Quissaman	Quissaman	Rio	5.000		
José da Costa Rodrigues	Propriété d'Alhambra près Maragnan	....	2.500		
Félix Vandesmet et Cie	Pojuca	Bahia	2.000		
Comolli et Cie	Pelotas	....		1.000	Rectificateur du nouveau système.
Santos, Cortico et Freitas	Rio-de-Janeiro	....		7.000	Idem.
CHILI					
Julio Bernstein	Vinadel Mar, près Valparaiso	....	3.500		
Marcel Deves	Lliullu	Limache-Valparaiso		1.000	
Ovalle (Le docteur)	Santiago	....		1.000	
Le même, colonne rectangulaire	....	....	1.000		
CUBA					
Apezteguia frères	Cienfuegos		3.000		
Les mêmes, 2e appareil	....	....		6.000	
Tomas Brooks	Soledad	Guantanamo	1.250	2.000	
Comte de Casa More	Santissima-Trinidad	....	4.500	4.500	
Le même	Indio	....	4.500	4.500	
Marquis de Montélo	La Havane	....	4.000		
La Muela	Sierra Morena	....	7.500		
De Montaldo	Cienfuegos	....	3.000		
Reed Ruiz et Cie	La Redencia	Puerto-Principe	1.250		
	Total *à reporter*		84.300	37.000	

NOMS DES INDUSTRIELS	LOCALITÉS	DÉPARTEMENTS OU PROVINCES	PRODUCTION JOURNALIÈRE RHUM OU TAFIA	PRODUCTION JOURNALIÈRE ALCOOL RECTIFIÉ	RENSEIGNEMENTS
ÉGYPTE					
	Report	....	84.300	37.000	
Son Altesse le **Khédive d'Egypte**	Samalouth	Haute-Égypte .			
1er appareil rectificateur.....	—	....		7.000	
2e — —	—	....		7.000	
3e — —	—	....		3.300	
4e — colonne rectangulaire en cuivre..........	—	....	7.000		
5e appareil, colonne rectang.	—	....	7.000		
ESPAGNE					
J. Agrela..................	Grenade........	....		1.000	
Le même, 2e appareil, colonne distillatoire.............	—	....	1.000		
Agrela, frères.............	Motril..........	Grenade..		2.000	
Les mêmes, colonne rectangulaire..................	—	—	2.000		
Aurioles, Ravassa y Moré.....	Motril..........	—		2.000	
Le même, colonne rectangulaire....................	—	—	2.000		
Enrique Barbaza..........	Motril..........	Grenade..	1.000	2.000	
Burgos Dominguez et Garcia..	Motril..........	Grenade..	2.000	2.000	
La Chica Rodriguez et Aurioles	Grenade........	....	2.000	3.000	
Les mêmes, 2e appareil, colonne distillatoire........	—	....	3.000		
Compagnie sucrière de San Guillermo...............	Malaga.........	....		2.000	
2e appareil, colonne rectangulaire	—	....	2.000		
Duchesse de Santona........	Motril..........	Grenade..	1.000	2.000	
Garcia, Romero, Ortiz y Martinez...................	Malaga.........	Malaga...		2.000	
Les mêmes, colonne rectangulaire...................	—	....	2.000		
J. de la Gandara............	San-Pedro-d'Alcantara	Malaga...		2.000	
Le même, colonne rectangulaire..................	—	....	2.000		
Hérédia fils...............	Adra...........	Grenade..	2.000	2.000	
Larios et fils..............	Tore-del-Mar....	....		1.000	
Les mêmes, 2e appareil......	—	....	2.500	2.500	
	TOTAL *à reporter*..........		122.800	79.800	

NOMS DES INDUSTRIELS	LOCALITÉS	DÉPARTEMENTS OU PROVINCES	PRODUCTION JOURNALIÈRE RHUM OU TAFIA	PRODUCTION JOURNALIÈRE ALCOOL RECTIFIÉ	RENSEIGNEMENTS
	Report..........		122.800	79.800	
Larios et fils..............	Motril..........	....	5.000		
Les mêmes, 4e appareil......	—	....		3.000	
Les mêmes, 5e appareil......	—	....		3.000	
Sala Pou et Cie............	—	Barcelone		2.000	
Usine de Notra Senora de Lourdes	Motril..........	Grenade..	2.060	2.000	
Fabrica Nuestra Senora del Pilar	Salobreña......	....		1.200	
La même, 2e appareil.......	—	....	1.200		
José del Pulgar............	Sucrerie de Maro	Malaga...	750		

GUATÉMALA

J. Guardiola...............	Hacienda Chocola	....	7.500		
Brooks..................	Sucrerie de Soleda....	Guantanama..	2.500		

LA GUADELOUPE

Le Dentu et Cie............	Sucrerie de Bologne...	....	2.000		
E. Brumant, A. Beauperthuy et Cie	Usine Duval....	Pointe-à-Pitre.	2.500		
De Larroche...............	Usine Bonne-Mère.....	....	2.500		

RÉPUBLIQUE D'HAITI

Vicini (Sucrerie italia)......	Saint-Dominique	....	3.500		Colonne distillatoire produisant du rhum à fort degrés

ILE DE MADÈRE

Fabrica nacional de assucar..	Funchal........	....		3.000	D. Manoel Telles de Gama, Directeur.
2e appareil, colonne distillatre	—	....	3.000		

ILE MAURICE

Hewetson................	....	....	5.000		
2e appareil rectificateur produisant les alcools fins à 96 degrés..............	....	....		5.000	

LA MARTINIQUE

Le baron de Lareuti.........	Fort de France.	....	3.500		
Eugène Eustache..........	Usine de Galion.	Trinité...	3.000		
A. de Meynard.............	Usine de la Dilon	....	3.000		
E. Wallé-Clerc.............	Saint-Pierre....	....	3.000		
Guillaud et Cie............	Usine de la Rivière-Salée	....	7.500		
Assier de Pompignan........	Usine du Lamentin....	....	7.500		
	TOTAL *à reporter*..........		191.750	99.000	

NOMS DES INDUSTRIELS	LOCALITÉS	DÉPARTEMENTS OU PROVINCES	PRODUCTION JOURNALIÈRE RHUM OU TAFIA	PRODUCTION JOURNALIÈRE ALCOOL RECTIFIÉ	RENSEIGNEMENTS
RÉPUBLIQUE DE L'ÉQUATEUR					
		Report.........	191.750	99.000	
Jaime Puig................	Guayaquil......	....	1.250		
PÉROU					
Bauer frères..............	....	....	750		Pour leur propriété de Chacavento.
Félix Denegri..............	Lima..........	....	6.000		
2e appareil, un rectificateur n° 3..................	—	....		2.000	
ILES PHILIPPINES					
Francisco Puig et Hermano.	San-Fernando..	La Pampanga..	650		
Ayala et Cie...............	Manila.........	Manila...	1.000		
J. Gonzalez...............	Manila.........	Capiz....	2.000	1.200	
Le même.................	—	—	2.000		
Le même.................	—	—	2.000		
Rodriguez.................	Manila........	....	750		
PORTO-RICO					
Manlove, Alliott et Cie, constructeurs mécaniciens....	Ponce..........	....	2.500		
Les mêmes, colonne rectangulaire................	—	....	2.500		
Fantauzzi frères, colonne n° 8.	Usine Felicitas..	Patillas..	4.000		
ILE DE LA RÉUNION					
Le Crédit Foncier colonial..	Usine la Rivière des pluies..	Ste-Marie.	1.500		
LA TRINIDAD					
Limited Company de Londres.	Usine du petit Morne..	....	7.500		
2e appareil, un rectificateur n° 7...................	—	....		7.000	
RÉPUBLIQUE DE VÉNÉZUELA					
J. A. Mosquera hyo.........	Caràcas........	....		1.000	
ILES DU CAP-VERT					
Manuel de Reis Borgès.....	Cité de Praya...	Ile St-Jago	650		Propriétaire de Bòa Entrada et de Chaada-Falcao.
		Total.........	226.000	110.200	

L'ensemble des appareils SAVALLE montés pour la distillation des mélasses de sucreries de cannes fournit par jour
226.000......... litres de tafias
110.200......... litres d'alcool fin à 96°

TABLE DES GRAVURES

TABLE DES MATIÈRES

PARIS. — IMPRIMERIE CHAIX, 20, RUE BERGÈRE. — 10254-4.

www.ingramcontent.com/pod-product-compliance
Lightning Source LLC
LaVergne TN
LVHW011958160826
845678LV00002B/598

* 9 7 8 2 3 2 9 6 7 0 7 1 3 *